[日]自然生活编辑部　著
泠点　译

绿意生活角

小空间里的混搭课

中国画报出版社·北京

目 录

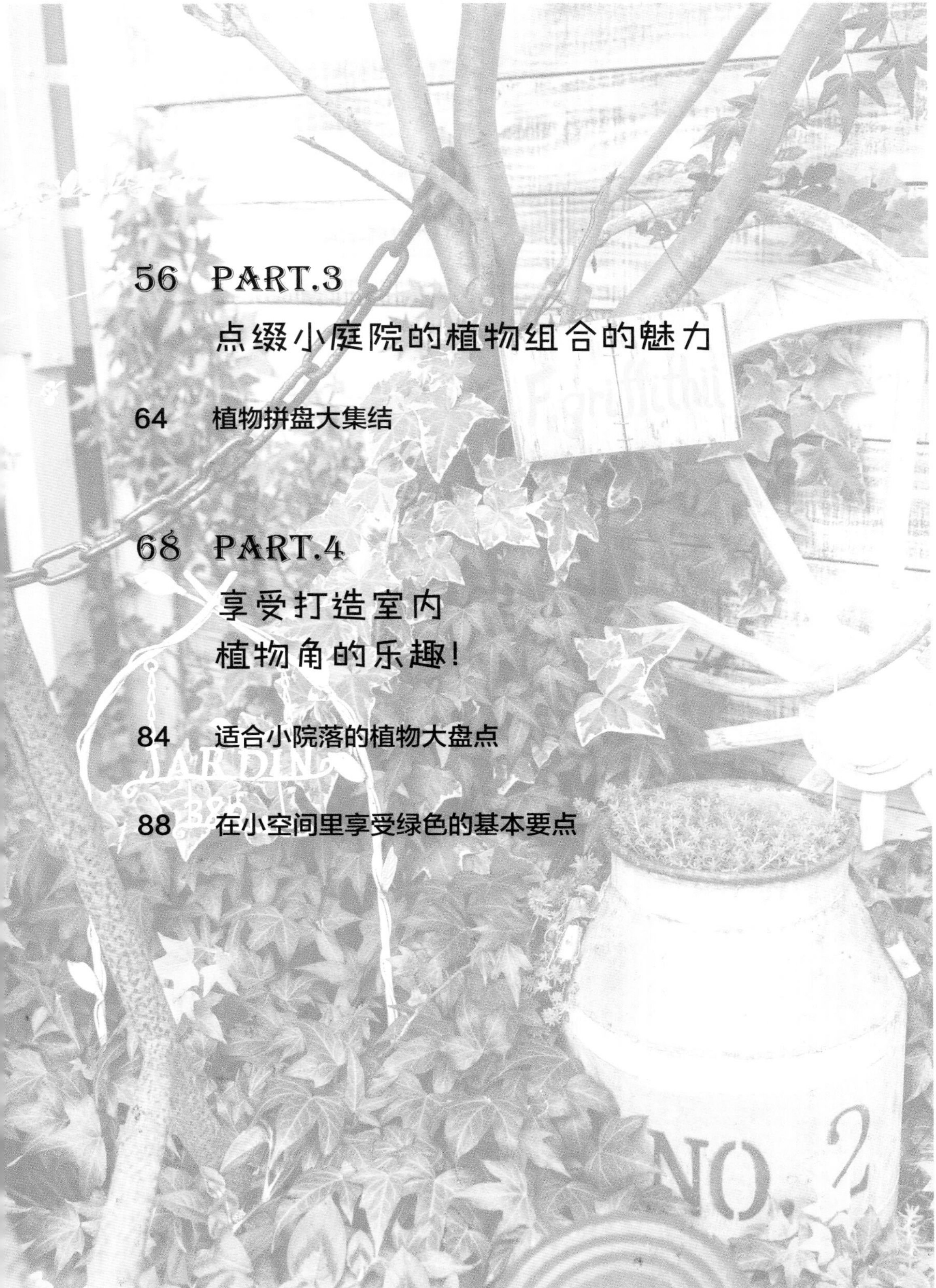
JARDIN
NO.2

无论是自家庭院，还是洒满阳光的阳台，都可以用"杂货 × 绿植"的组合来打造出具有独特气质的庭园。

　　绿色的力量超乎你的想象！
　　"园不在大，有绿即可。"
　　即使是小小的一盆，也能释放出清爽的气息，令人身心舒畅，悠然自得。

　　巧妙利用与日常生活密不可分的日用"杂货"，可以令绿色生活带给我们的乐趣更增一筹。
　　例如，藤条花篮增添自然感，生锈的铁质杂货则带有满满的"废弃艺术"的气质——搭配相应的杂货，让绿植的魅力呼之欲出，展示出自己的独特艺术品位。

　　如图所示的"杂货 × 绿植"组合的乐趣在于其不限于庭院的大小，处处都能充满乐趣。
　　本书介绍的方法适用于在门口（玄关）、阳台、室内等"小空间"。我们一起来探索把小空间变身成美丽花园的秘诀吧。

PART.1

小空间里的大乐趣
由杂货主导的园艺风格

没有宽敞的庭院，没有播种的空间……都不是事儿！

下面将介绍如何用杂货、家具等装点家中的阳台、

玄关、外墙等小角落。

独栋房屋的阳台、停车位的角落 / 衣川千惠

单调简易的空间
利用色差营造层次感

儿童椅、长条桌、长椅以及置物架紧凑地放在一起，巧妙地有效利用了空间。

在水桶型的自制罐中种
上已结出果实的蔓越莓。

**形状独特的
工具增添动感**

在网上买的旧机器部件卷
盘，被用作花盆架的底
座，与盛有多肉的长柄壶
搭配，增添了情趣。

陈旧的小家具和生锈的杂货是打造
"酷帅"风格的重要力量

　　衣川家的主要园艺区域是位于二
层的阳台和停车位附近的两处空间。
两处绿植或融于陈旧却有韵味的家具
中，或搭配在生锈的杂货中，视觉上
给人强烈的冲击，废弃艺术风格给人
成熟利落感。

　　阳台上主要摆放栽种在生锈小罐里
的多肉植物和花朵幼苗的组合盆栽。实
木箱子和家具也成了花盆的摆台，在布
置的时候，衣川对摆放方向及与周围环
境的平衡下了不少功夫，整体演绎出深
邃的立体感。停车位一侧的墙壁上爬满
的玫瑰花令人印象深刻。此外，用砖瓦
围住整齐摆放的花盆，营造出花坛的效
果。由惹眼的旧家具和木箱搭成的棚架
空间里，多肉、绿叶植物与杂货一起成
为独特的风景线。

**实木箱＋百叶窗
提升颜值！**

阳台的一角，涂有飞白效果的
百叶窗和破旧的木质小柜子成
为"杂货×植物"的秀场。
这里还特意把小柜子的朝向错
开叠放，打造立体感。

衣川家的花园信息：

面积/阳台：约6.5㎡；
停车位周边：约10㎡
环境/光照充足，停车
场周边的光照不足及空
间狭小是个难题
喜欢的店铺/TRUCK
FURNITURE（大阪府·大
阪市）、天王寺的古玩
市场

耳目一新的旧家具与
生机勃勃的植物的组合！

为了让小院儿的背景更醒目，衣川用灰浆重新喷绘了墙壁。同时增加了一道蓝灰色的门，提高了庭院整体的色调和亮度，观赏性也更胜一筹。

爬满绿植的阴凉处放置了中性风的水桶和灯具。蓝灰色的水桶是亮点。

旧物品的组合
搭配，更出彩！

皮质铆钉包里种满了景天科植物，虽然体积不大却能迅速引人注意。

农用手推车也能派上用场！

在农用旧手推车里装入泥土，种上千叶兰和三叶草等，看上去生机盎然。底部放上生锈的签名板，废弃风艺术感更上一层楼。

砖头和地板打造自家小花坛

停车位的地面是用怀旧风的木板铺成的，给人自然真实的感觉。在花池的周围围上一圈古色古香的砖块，看起来像是地栽植物的花坛。

小花坛的对面，自然随意地放着破旧的木质箱子、小家具、杂货等。

盆栽玫瑰背靠邻里间的隔断墙壁，也成为一幕绿色小清新背景。

废弃艺术感满满的破旧生锈的杂物

将具有废弃艺术感的杂物放在多肉的旁边，提升整体颜值。工具和签名板上面的锈迹，都是在风吹日晒下自然形成的。

把木柜摞在一起成为置物架，在自创的手绘容器里种上一排排多肉植物，搭配时尚又有废弃艺术感的花盆，再加上破旧的数字牌、空罐子、厨具单品，好不热闹。

独幢住宅的前院 / 莎莎

用自创的涂鸦罐 & 花盆
打造小型多肉植物的闪亮舞台

让自制的单品、小家具、杂货的
颜色和材质和谐统一！

从大门到玄关的前院，是莎莎为多肉
植物打造的舞台。而给舞台增添色彩和乐
趣的"神器"，是手工制作的各种手绘罐
和花盆。以"美式垃圾风"为主题制作的
花器获得极大好评，甚至搬到了卖场上。
军队风、复古风、粗棉布风等，既时尚，
又能通过颜色和材质的不同组合搭配，打
造出怀旧氛围。

莎莎说："带文字或数字的金属板，
以及旧的厨房用品的加入有锦上添花的作
用，整体更显生机，情趣也更多。"配合花盆，
用破旧的实木箱子或木头椅子做成的装饰
柜或架子，使小角落里的废弃艺术感扑面
而来。

在光照好的地方搭建了多肉植物专用架

在庭院中，特别是光照好
的一角，莎莎制作了挡雨
的顶棚和铁架，扩展了摆
放的空间。在杂货的衬托
下，空间整体更加丰富
饱满。

搭配自如的边角料的排列组合

左/彩色木条组成的小型
木板上，由一条金属圆环
串起，成为小花盆的装饰
背景。
右/种有8种多肉植物的
木质花盆，是莎莎独家原
创的作品。

清一色的白色茶杯，更加和谐有序

在带有数字标号的珐琅茶杯里，种上姿态各异的多肉
植物。共存一处，更有品位。

莎莎家的花园信息：

面积/前院：约18㎡
环境/强烈直射的阳光容
易晒伤多肉，增设装饰空
间是今后的方向
喜欢的店铺/Old Friend
（琦玉县·幸手市）

上／贴上从外国杂志上剪下来的图片，自制成美式风格的小罐。大戟科、十二卷属与鲨鱼掌属的多肉植物多为深绿色，再加上其挺拔硬朗的形态，英气势不可挡。

中左／时尚亮丽的手绘罐里种有多肉象牙宫（左）和亚龙木（右），满满的南国气息扑面而来。

中右／用掺有沙子的涂料做出的粗糙质感的涂鸦小罐里，种有多肉植物"新嫁娘"。

下左／标签牌也是手作的。给木质酒塞涂上涂料和英文装饰，用铁丝穿起喷壶的小模型。

壁式置物架等小型家具与
帅气的绿植打造活力空间

与邻居相邻的墙壁上悬挂的自制木板扩大了展示空间，摆放的自制瓶罐增强了整体感。

变换趣味实木盒的摆放，变身成柜子或架子

左 / 把在旧货店买到的牛奶木箱子竖立在凳子上，当作盆栽植物的摆台使用。

右 / 黄色箱子上的红色商标引人注目，其高度也适合用作小型杂货摆台，突出立体感。

通道的地面上也能增加看点

右 / 种有景天科植物的花盆上系有红色的绳子，与下面爬满地面的头花蓼相映成趣。满眼郁郁葱葱，打造出静谧和谐的氛围。

下 / 地上的金钱掌和金叶过路黄生长茂盛，同时栽种了叶型较大的朱蕉和龙舌兰。破旧杂货的加入，使得整体效果令人印象深刻。

巧用能灵活移动的英式校园风座椅

在通往玄关的小路旁放上一把小小的椅子，用来摆放多肉植物。花盆碎片、用来垫高的砖头等都是莎莎的独家创意。

15

独幢住宅的玄关前 / 梅

**通过手工杂货和创意，
打造统一和谐的精致小空间**

在玄关放置一把废弃风格的椅子，栽种的茂密生长的植物搭配手绘罐和绿植组合。根据心情的变化可自由变换搭配的物件，让过路人也心旷神怡。

让家庭的"门面"——玄关更清爽利落

把旧工具或者涂鸦杂货搭配在绿植世界中，是梅致力打造理想中的废弃艺术风格花园的重要秘诀。即使是玄关前的弹丸之地，也通过自己的匠心独运，打造出协调自然的气息。

"玄关是家的出入口，因此不要繁琐凌乱，装饰品的数量要控制，在形态上要精选，打造出清爽之感。借用椅子和墙壁，让整体显得更紧凑。

散落其中的杂货、从亲友那里得到的农具或工具、在喜欢的旧货店里淘到的球棒或铁制品等，熟悉的气息与用心制作的涂鸦杂货交织相映，瞬间提升了小角落整体的颓废艺术风格。地上茂密葱郁的绿植，也为整体效果加分。

黑色、铁锈色的加入与白色背景形成视觉冲击

上・下 / 玄关边的墙壁上的床板架和木框组合成竖长形的置物架，为了与涂成花白色的背景形成对比，配搭黑色的手绘罐和生锈的工具。

梅家的
杂货巧用

梅家的花园相关数据：

面积 / 玄关前：约 8 ㎡
环境 / 日照充足，适宜植物生长，但杂草也较多，因此不时的修剪必不可少
喜欢的店铺 /Barco Vento（广岛县・福山市）、AXCIS CLASSIC（冈山县・冈山市）

配合周围的氛围，邮筒也变身

原本漆黑的邮筒上，装点印刷文字，加上周围摆放的绿植，与自然融为一体。筒身上放置生锈的提灯，废弃艺术风得到进一步提升。

锈迹斑驳的梯子上架上实木箱做成简易架

在几乎整个都锈掉的梯子上，放上陈旧的老式实木箱，搭成摆放多肉植物的简易架。地上生机勃勃的地锦，让小角落的整体协调感进一步提升。

17

陈旧的木质旅行箱里装入泥土，当作花盆使用。茂密生长的千叶兰在英文杂志、生锈的工具等的围绕下，打造出让人印象深刻的场景。

CASE 04 阳台

公寓一层的阳台 /Ｙ

早期美式杂货装点出
成熟的废弃艺术风格阳台

Ｙ 家花园信息：

面积/阳台：约 15 ㎡
环境/日照充足，没有特别要注意的问题
喜欢的店铺/early bird
（福冈县·福津市）

用沉淀了时光的门窗隔扇和旧材料，打造摆放绿植的舞台

对于住在公寓一层的 Ｙ 来说，阳台 15 ㎡的有限空间，是她利用杂货来享受打理花园乐趣的圣地。她尤其喜欢早期美式风格的旧杂货，因此慢慢收集了很多。

禁欲系的墙壁旁边，放有别有韵味的旧式门和仓库木板，Ｙ 将其改造成木板墙壁风格，再用砖块铺装地板，打造出展示杂货用品的空间。梯凳和洗漱架等有一定高度的杂货根据角落放置，打造出植物的高低落差感。旧厨具可用作花盆。充满颓废气息的签名板和照明灯成为亮点，自然流露出整体协调感。

用发黑、生锈的杂货
演绎出苦涩感

左/将破旧的百叶门改造为房檐的创意。
右/铁质的壶架上悬吊圆盘挂秤，爬山虎的枝条则自
然垂下，增添了动感。

高挑的木梯迅速
吸入眼球

左/把废弃的玻璃瓶放入铁丝筐内，再整体随意摆放在植物旁边。
右/L形的框内，放入签名板，挂上灯具，成为引人注目的创作。

破旧高挑的木梯作为舞台，搭配珐琅壶、单柄锅花盆等，
完美呈现出以白色和绿色为中心的清爽空间。

在放有铺着麻布的木箱子和日本制
的旧式秤的小角落里，三叶草盆栽
增添了水润感，旁边放置的园艺用
靴更是锦上添花。

废弃的台秤
被用作花器

将用旧的木质熨衣架当作形状奇特仙人掌的摆台使用。花盆的颜色保持统一，小角落更具和谐感。

温室和地栽型的中庭 / 下野聪嗣

仅 10 ㎡ 的温室里种满了多肉 & 块根植物

古典杂货用品 & 工具
让植物更显"阳刚绿"

下野师从著名的英式传统垒石技法家宫大工。他将学到的设计、施工技法运用到园艺设计上，2016 年，他开始启动自家庭院大改造计划，从设计风格到植物栽培，全部重新设计。完工后，尤其引人瞩目的是黑色基调的个性温室。虽然只有 10 ㎡，但他从屋顶到梁柱周围，巧妙地把喜爱的块根植物和仙人掌等塞得满满的。古典风格的家具和杂货的加入也很精彩。而在里院，自制的背板墙则很好地映衬了旧家具和铁质杂货等，演绎出年代感。温室和地栽庭院是下野每天精心呵护的两处空间。

下野家的花园信息

面积 / 温室：约 10 ㎡
中庭：约 18 ㎡
环境 / 虽然朝南，但光照却没那么充足，排水也不佳
喜欢的店铺 /GLITTER
（爱知县·名古屋市）

从神社木匠那里学到建筑学的基础知识后，下野开始在自家庭院里动手设计、施工建造温室。绿植修剪完成后，一边在摇椅上轻轻地晃动着，一边享受着音乐和咖啡的时光，真是幸福之至啊。

適度装点、营造适宜
植物生长的环境，享
受杂货带来的惊喜

用丛生的空气凤梨（左）
和用干花装点的吊灯
（右）来装饰上部空间。

**立体的壶座成为
块根植物的展示舞台**

陈旧的壶座承托"金轮祭"和"惠
比须笑"等植物。利用高低差衬
托出各自独特的姿态。

**在生锈的面包模具里
种植多肉植物**

**用古典椅子和
英文书吸人眼球**

种有造型独特的块根植物的花
盆间隙中，放上红色的儿童座
椅和英文书，令人眼前一亮。
尤其能恰到好处地调和以黑色
为中心的冷色调氛围。

把叶型不同的多肉植物打造成植物拼盘，共同放在
废弃的面包模具中，摆放时要注意叶子颜色的差异。

中庭核心的绿植是一株有 100 多年树龄的油橄榄。树根处用复古的砖块打造出英式自然景观。

用麻布袋罩住生长旺盛的迷迭香的花盆，将藤条编的长方形的小垫儿当作背景，来衬托碎木块儿基台上的小盆栽，以更好地融入周围的自然景观。

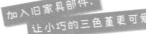

**加入旧家具部件，
让小巧的三色堇更可爱**

将英国制的旧柜子的一部分，靠在白色围墙上，上面斑驳的锈迹与前面摆放的楚楚可怜的三色堇，形成鲜明对比。

**加入自然素材，
营造大自然氛围**

**用极具存在感的
装饰板映衬盆栽**

摆放盆栽的台面是废弃的儿童用长椅，装饰用的铁皮当作背景板，上面涂料的斑驳痕迹凸显出凋敝感，瞬间成为引人注目的空间。

独幢住宅屋檐下的墙壁周围 / 辻田沙耶香

清爽系白色墙壁背景更好地
映衬"法式杂货 × 绿植"

清爽的木板与墙壁组成的空间里，摆放着以多肉为中心的小型绿植。
外国的车牌及生锈的英文字母板能迅速抓住人的眼球。

小巧灵便的木柜和椅子

在玄关门旁边小小的空间里，放上陈旧的木柜和小孩子的椅子，既变身成多肉植物的摆台，又可自由移动，十分方便。

辻田家的杂货妙用

左／杯子蛋糕的模具凹槽里，种植了叶型各式各样的多肉植物。亮点是核桃壳的加入。
右／迷你珐琅杯和果冻盒中种有多肉植物组合。

散发法式浪漫的淡蓝色门

将朋友赠送的木门喷成淡蓝色，给人一种怀旧的感觉。用挂钩代替门把手，亮点是悬挂的铁丝制的喷壶造型。

田园气息的杂货搭配
多肉和绿叶植物更佳

自从建了自家独幢的房屋后，辻田开始享受园艺生活。为了在此充分享受杂货和多肉植物的乐趣，配合田园式的建筑风格，辻田将墙壁的一部分涂成了白色，使其成为极好的摆放空间。这样无论是柜子还是长凳，都能成为绿植的天地，植物的空间配置也更协调。

藤条篮、蓝色和白色系的小物件、破旧的铁质容器等，与绿植共同打造出法式乡村情调。房屋与庭院自然融合，成为一道清新怡人的风景。

辻田家的花园信息：

面积／墙面周围：约 6 ㎡
环境／适合多肉类和喜半阴的绿叶植物
喜欢的店铺／没有固定的

独栋住宅玄关前的绿色通道 /Riemaruko

巧用家中的工具和生锈的杂货，
打造出"男人味"的帅气庭院

木牌的凹陷处别出心裁地种上了颜色鲜艳的各式多肉植物，搭配生锈的铁丝、各式工具，更增添了整体的野性。

水嫩嫩的多肉植物与
野性气质的单品搭配效果超群！

  Riemaruko 十分享受以多肉植物为主角打造出废弃风格的花园。从大门到玄关的通道上，到处都点缀着富有情趣的装饰。秀场中必不可少的单品有陈旧的钉子、工具箱、钢丝绳卷筒及故意施加锈迹的罐子等，狂野又帅气。"但是，因为玄关是迎接客人的必经之地，所以也要注意把握尺度。可通过把小家具涂成白色或者使用蜡笔涂成的彩色罐等，达到整体的平衡。"Riemaruko 提醒，要在有限的空间内尽量保持风格的统一连贯性。

把两个涂成白色的钢丝绳卷筒竖向叠放，便成为多肉植物的摆台。高度的优势，使其不仅能迅速抓人眼球，也能较好地挡住后面的排水管，可谓一举两得。

Riemaruko 家的杂货妙用

稍微用下心思、把日用品改造成创意花盆

时尚多色的手绘罐为整体色调增色

多彩鲜亮的各式手绘罐，均出自 Riemaruko 和朋友之手。庭院整体低调的色调中，可以于不经意之处用一些色彩跳跃的物体点缀。

把烧烤网卷成半圆形，用铁丝固定一个空罐的盖子，当作底座。再用麻绳将其绑在排水管上，这样就做成了一个多肉植物架。风吹日晒的铁丝网会自然生锈，看起来更有韵味。

生锈的工具增添背景墙壁"男人味儿"

左 / 在玄关墙壁上铺一块木板，安装一些带有锈迹的吊钩和吊灯的部件等，整体的格调立即显现。

右 / 木板墙用麻绳固定，所以也能轻松取下。

Riemaruko 家的花园信息：

面积 / 玄关前：约 10 ㎡
环境 / 日照虽然充足，但是由于没有屋顶，通道上的多肉植物会被雨淋到，很是苦恼
喜欢的店铺 /GREEN FINGERS
（东京都世田谷区）

公寓一层的私人空间 / "F-work"

满园绿植与旧工具的乐园
让人过目不忘

BEWARE OF DOG

"F-work"的私人庭院是沿着外墙的一处L形空间。入口的拱门处楚楚动人的洁白小花是可爱的"素馨叶白英"。

复古铁三角梯是树木的支撑物

外墙一角放置了复古的铁三角梯，主要用于支撑地栽的澳洲迷迭香。"在树木长大之前，这里看起来有点空荡荡的，索性拿来一些能吸人眼球的家具，如椅子等暂时补上。"

左 / 悬挂在木板墙上的一盆"舞乙女"与农具的组合。
右 / 孤零零的雪山绣球的旁边，搭配废弃的椅子和被设计成围墙的旧栏杆。

"F-work"阳台信息

面积 /L 形的专用空间：约 30 ㎡
环境 / 日照良好，但土质为黏土，排水效果差
喜欢的店铺 /F.45（爱知县·冈崎市）、N36 杂货店（宫崎县·小林市）

铁锈让娇翠欲滴的多肉更惹人爱

用生锈的铁罐栽种佛珠吊兰和多肉"玉珠帘"，让多肉植物的水嫩清新感呼之欲出。周围搭配带有英文的签名板或简约系的厨具，迅速吸人眼球。

铁锈色、个性的家具 & 杂货最惹眼

　　L 形的私人庭院里，"F-work"平衡地配置树木、藤蔓类植物、草本植物和盆栽花卉，打造出满园绿色，让人赏心悦目。

　　"本来是和式的庭院，因为特别喜欢《秘密花园》这个故事，于是以此为灵感和理想目标，慢慢地调整改变。花园里种有白色和蓝色系的花苗、草本植物、观叶类植物、细叶型沙枣和光蜡树等树木。"

　　清爽的满园绿色中，"F-work"以独有的旧物恰到好处地起到了调和作用。生锈的厨具、陈旧的农具的陪衬，路面上的栏杆被演绎成迷你围墙，梯子成为树木的支撑架……

　　庭院里处处闪耀着创意和智慧，和谐的搭配让人过目不忘。

RUE DU
AIMÉ TEYSSIER
(1472-1524)

花坛用核桃壳覆盖，以保护底部，同时也能营造自然的氛围。小巧的盆栽放在略微高出的砖头上，整体效果即刻得到提升。

为了防止鹿角蕨淋雨，将旧工具箱竖立起来，并放在支撑架上，生锈的架子也正好成为花盆架。工具箱上装饰的金属板也是手工制作的。

CASE 09

玄关前

独幢住宅的玄关前 / 政尾惠三子

选择易打理的植物和
手绘杂货来克服不利条件

政尾家的花园信息

面积 / 玄关前：约 8 ㎡
环境 / 朝北，光照不足
喜欢的店铺/quatrieme
（岐阜县·多治见市）

**40多种多肉植物
在墙壁上共舞跳跃**

政尾的秘诀是让不同品种的多肉植物健康生长，并考虑彼此间的搭配度。壁挂式货架里姿态各异的多肉植物生长旺盛，给人动感活力的感觉。

**用做旧的杂货映衬
多肉的小巧玲珑**

酝酿出自然和谐氛围的
杂货创意大妙用

　　用政尾的话来说，玄关前的一角"日照不足让人头疼"，因此之前种植的植物最终都枯萎而终。现在种植的主要是易打理的、耐阴的迷迭香、圣诞玫瑰和多肉植物。而能衬托玄关周围场景的秘诀，则是应用各种手工涂鸦单品。杂货、签字板、废弃物与旧物组合成的搁板等，到处都能展现主人的创意和用心。政尾说："亲手制作可以让杂货的风格统一，整体展示的效果也更和谐。"这样与房屋外观风格契合，完美打造出复古又充满大自然气息的空间。

玄关门前的景象。左边陈旧的陶器旋盘上，放有用木板雕成旧书形状的垫板，十分抢眼。右侧的货架上则放有手写的签字板，整体的视觉效果十分突出。

**与绿色融为一体的
手工邮箱**

把用边角料做成的邮箱进行喷绘装饰后，放在修建停车位时剩下的枕木上，趣味十足。周围杂货的颜色与绿茵融为一体，颜色的搭配十分出彩。

在停车位地面上铺的枕木间，撒上核桃壳，种上"头花蓼"，释放出自然气息。上面随意放置的数字牌成为点睛之笔。

31

自制小空间里的
古典风家具

在 DIY 素材丰富考究、零部件齐全的店铺里，手工制作家具的灵感不断涌现，最适合打造当下最"IN"（流行）的中性风格用具。

在 "GALLUP" 获得灵感

单品 01
木板板凳

由 5 块木板构成的木板板凳，制作简单，使用身边的边角料即可挑战成功。

要点

旧木材独有的个性
十足的质感

钉子眼、变形等，都是旧木材独有魅力的质感。即使有钉钉子的损伤、细小的缝隙也没关系，由于不那么显眼，所以不会影响整体效果。

不可忽略的素材！

能瞬间提升趣味性的
旧松树木材

在美国农场被当作栅栏使用的旧木材，常年风吹日晒导致褪色、树皮暴起，反而增添了别样魅力。无须再加工即可自然融入周围环境。

农场栅栏
（约 T20×W145×L2400mm）
※ 因是旧木材，表面稍微有点破损。

要点

稳定感超群，坐上
去也超舒适

在切口处插入木板，由于刚好能组装起来，所以虽然看起来很小，但也能放心坐上去。当然，更推荐在上面摆放花盆。

※T：厚度 W：宽度 D：纵深 H：高度 L：长度 ø：直径

制作方法

工具

锯、铁锤、卷尺、曲尺、金属锯尺、铅笔。

材料

A：座板、侧板（T20×
　W145×L800mm）各
　2块

B：脚板（T20×W145×
　L400mm）4块

C：椽子（T30×W40×
　L250mm）2块

D：钉子（ø3×L50mm）
　24根

※A、B 2种木板来为左侧页
面中的"农场栅栏"。

A　B　C　D

组装图

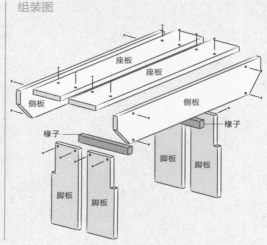

座板
座板
侧板
侧板
椽子
椽子
脚板
脚板
脚板
脚板

制作流程

1　裁切脚板和侧板

在脚板上切出可嵌入两侧
侧板的缺口；侧板朝下方
切出斜角。

约20mm（与侧板的厚度相同）

约145mm
（与侧板的
宽度相同）

脚板

侧板

80mm
100mm

2　组装脚板

将从步骤1得到的两块脚
板，缺口处朝外，左右对
称地放在椽子上，从上面
钉上钉子固定。另外一组
也用同样方法。

为了不让装上座板后吱吱作
响，务必要对齐！

3　安装侧板

步骤2两侧的缺口处，放
上步骤1的侧板，并钉上
钉子固定。注意，要把侧
板完全嵌入缺口处，另外
一侧也是同样方法。

用金属锯尺确认是
否为90°。

4　安装座板

安装上两块座板，用钉子
固定好即完成。

4 •		• 1
2 •		• 3

按照上图对角的顺序钉入钉
子，更容易调整位置，木板
更容易对齐。

兼有收纳和座椅两种功能的箱子，也可以自由拆开和折叠，再装上小脚轮，功能性更强。盖子上不安装合叶，变成可拆卸盖子的话，可以与箱体分别单独使用。

要点

工具和各种各样小物品的"隐身大法"

外表利落的小箱子，打开盖子则变成大容量的收纳箱。用其整理容易散乱的园艺用具和手工材料十分便利。

制作方法

工具

锯、电动钻孔螺丝刀、一字型螺丝刀、磨砂纸、刷子、涂料杯、（擦机器用）废棉布（破布）、海绵、刷子（或者铁丝绒）、手套、卷尺、金属锯尺、铅笔。

值得注意的零部件！

特殊形状的折叠柜的合页

原在货物集装箱等上使用的合页，因 W 型的形状容易折叠，底部稍微延长，便于多个堆叠组合使用。

可叠合用合页（W86×D37×H220mm）

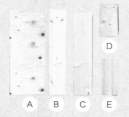

材料

A: 底板（T12×W365×L910mm）	1 块	
B: 天板（T19×W185×L910mm）	2 块	
C: 侧板 A（T19×W185×L860mm）	4 块	
D: 侧板 B（T19×W185×L310mm）	4 块	
E: 椽子（30×40×L300mm）	2 块	
F: 水溶性涂料（柚木色）	适量	
G: 石蜡	适量	
H: 脚轮（车轮 ø250mm）	4 个 + 配套圆钉 16 根	
I: 可叠合用合页（H220mm）	8 个	
J: 合页配套圆钉（ø4×L16mm）	64 根	
K: 椽子用圆钉（ø3×L42mm）	8 根	
L: 合叶（W44×L64mm）	2 个 + 配套圆钉 12 根	
M: 把手（W100×D27×H26mm）	1 个 + 配套圆钉 4 根	

1

用磨砂纸打磨木材

用砂纸刮擦 A—D 木材的表面，打磨木板利于下一步的上色。边角起毛边的地方和表面上的突起（锯木板时鼓起的部分）等也都要用砂纸一并磨去。

如果不事先用砂纸打磨，就会像右图所示，起毛的木材部分涂漆时会有斑块。

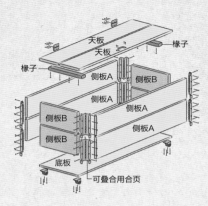

天板
天板
椽子
椽子
侧板A
侧板B
侧板A
侧板B
侧板A
侧板B
侧板A
底板
可叠合用合页

2

涂色

用毛刷或者棉布蘸着水溶性涂料给木材着色。晾干后轻轻地用砂纸打磨一遍表面，再用海绵上蜡。晾干后，用刷子擦拭，除掉多余的石蜡。最后再用棉布擦至表面光滑。

5

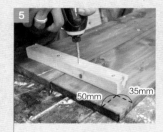

50mm   35mm

制作箱盖

将两块天板的两端架在椽子上，用圆钉固定 4 点，背面打上孔有助于圆钉的固定。

3

37.5mm   37.5mm

底板上装脚轮

底板背面的四角处安装上配套的圆钉，以固定小脚轮。

6

200mm

组合底部的框架时，将合页底部略微超出底板之外。

安装箱盖

把步骤 4 的框架组装在步骤 3 的底板上；把步骤 5 的箱盖用合页固定在上半部分。在箱盖上安装把手即大功告成。

4

调低轴的位置
轴

注意在框架的上部结构中，不要让合页的中轴超出木板。

用合页组装框架

用可叠合用合页将侧板 A 和 B 各两块连接起来，做成两个长方形框架。这里要注意的是，上段结构因为要装上盖子，所以合页的位置要稍微偏下，避免轴部突出。两个框架摞起来成为盒子的侧面。

PART.2

妙用人气杂货打造展台的灵感&单品盘点

自然风、颓废风、清爽风……下面将介绍一些杂货的巧妙用法，风格多样，能对空间的打造起到锦上添花的作用。

同时，也要注意植物的选择和搭配噢！

大尺寸
签名板是
特别背景

LOGO & OBJETS

商标与小物品

使用存在感极强的英文和数字，以及杂货和小巧的元素，让装饰更具趣味性！

15
MINUTE
CUSTOM

将复古的大尺寸签名板当作多肉植物的背景，与周围的杂货相得益彰，让小角落更引人注目。

有质感的字母元素更具有吸引力

立体的星星，生锈的古铜色流露出中性气质。

左 / 铁质的字母元素和麻布搭配出粗犷的感觉，简约却不失亮点。
右 / 斑驳的木质元素，让禁欲风的墙壁更柔和。

配置人物模型增加乐趣！

怀旧风的汽车模型里放入空气凤梨和多肉植物，虽不起眼，却打造出欢乐的场景。

在铝质滤锅里种上小仙人掌，再搭配士兵小人，即刻增强了故事性。

英文数字与多肉植物是最佳搭档

左 / 木板框架上恰到好处地放着签名板，用黑、白两色打造出中性风格。
右 / 金属材质的小物放在室外，自然生锈让其更有味道！

LOGO & OBJETS
标识与杂物
CATALOG

选择帅气的英文字母或有趣的动物形象等引人注目的单品，让满园绿色更有个性。

字母物件

木质的字母物件，其简约的风格是绿色植物的好搭档。
（D1.5×H2.5）

太好了！正反两面都能用！

签名板

用字母拼凑而成的个性铁板。
（W28.5×H20.5cm）

小配件更生动

路标形磁铁

小型复古的路标风磁铁。右（W8.5×D0.8×H2.5cm）、左（W5×D0.8×H5cm）

黏胶标签

美国各州的形象化图案，推荐在 DIY 花盆时使用。

门垫

棕榈纤维门垫，上面的英文反映了当下的设计，尤其适合小角落里的脚下氛围的营造。右（W58×D32×H1.5cm）、左（W55×D24×H1.5cm）

卡通动物形象

加入绘本中的卡通动物形象，可以让小角落更有趣。

精致的杯子成为亮点

带英文字母的杯子

纯色考究的陶制杯子，可用作花盆。（右：ø12×10cm，左：ø11.5×14cm）

三角旗

印有字母图案的毛毡制三角旗十分有个性，放在小角落里能迅速引人注意。（W48×H26cm）

迷你手推车

虽然是迷你型，却五脏俱全，材质是钢铁，车轮能正常转动。适合小规模的植物拼盘。（W10×D6×H3.5cm）

迷你士兵形象

可用在小型植物盆里或者透视立体画风格的植物拼盘中的微缩士兵队。（右：W5×D2×H7.8cm，左：W10.5×D4.3×H3.5cm）

代替小插牌插在花盆里

书签

可爱的木雕动物，在绿色庭院中若隐若现，十分有趣。（L：15.5～16cm）

蝴蝶装饰插牌

羽毛材质的缤纷多彩的蝴蝶插牌插在花盆里，可为植物增添别样色彩。（W8×D2×H29.5cm）

代替鹤嘴镐插在花盆里

烛台

当作多肉植物等的小花盆来使用。有河马、犀牛等6种。（左：W12×D6×H6cm，右：W10.5×D5.7×H7cm）

用玻璃容器
水培植物

TOOL

巧用小工具、实验室
用品、厨房用品等，
打造清爽空间！

用三角烧杯水培仙人掌。

以墙壁为舞台，则围裙可期！

左／庭院的木板上悬挂工业用照明灯具和吊秤。
右／可夹式台灯夹在阳台上的铁架子上，增加亮点。

把围裙当作墙壁收纳口袋，在口袋里放入扳手、刷子和鹿角蕨等。围裙周围用空气凤梨来装饰，提升视觉效果。

旧工具箱增添颓废感

废弃的工具箱里放入"纪之川"和"恋心"等多肉植物。箱子一侧的带有英文字母的陶片是亮点。

左／把复古的盘式天平和工厂用的铝线卷随意自然地装饰于庭院的树荫下。
下／在引人注目的旧式台秤上放上迷你的多肉植物，让人印象深刻。

与绿植相融的理科实验仪器

用麻布把"爱之蔓"的幼苗裹上，放入烧杯里，清爽又有个性。

TOOL

工具 仪器

CATALOG

用粗狂的工具当作花盆，与植物的组合是最近的流行趋势，我们一起来尝试使用工具风格的部件和实验室风格的花器吧。

口袋里也可以放上植物哦

5B-1 A 872
ROUTE 171
LOUISIANA-1963

围裙

有数字牌装饰的口袋是亮点，把它像挂毯一样悬挂起来，墙壁的时尚感即刻迸发。（W80×H80cm）

漆料

能打造金属质感的水溶性涂料。除了常见的黑色之外还有多种颜色可选。（200ml）

扳手形挂钩

把扳手一端折弯后做成的挂钩，再准备好安装使用的钉子。（约 W2×D4×H7cm）

LED 夹式照明灯

施工现场使用的照明灯，实用的铁丝罩让人耳目一新。（W12.5×D14×H30cm）

当作植物拼盘容器不错呢！

工具箱

明亮的颜色成为庭院的亮点，大小适中，极其适合种植多肉植物。（W19.8×D9×H6.2cm）

墙壁挂钩

钢铁材质的水管和锯刀的设计十分特别。（上：W36×D4×H9cm，下：W29×D3.5×H6cm）

铁挂钩

模仿工厂使用的有厚重感的挂钩制成的，打造出悬挂式效果。（左：W8.5×D5.5×H44cm，右：W9×D5×H49cm）

带盖烧杯

实验用的 200ml 烧杯和水培植物用的便利木质盖板的组合。

"笑脸型"的表盘引人注目

瓶口的翻边儿是亮点

烧瓶风格容器

吹制玻璃制品，让人联想到实验时用到的烧瓶，简约的形态独具魅力。（ø12.5×H18.5cm）

饮料罐

栽种小型植物时可使用的玻璃容器，演绎出咖啡店风格。容量 3L。（W13×D18×H29.5）

天平秤盘

钢铁材质的小型秤盘，怀旧的设计讨人喜爱。（W8.5×D7×H12.5）

悬挂花器

洞洞板

常用于悬挂工具的洞洞板，做成云朵形状的黑木板。（左：W50×H29cm，右：W45×H45cm）

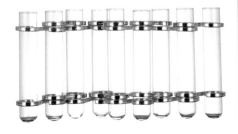

实验室风格容器

改变夹子形状就能自由组合变化的小花瓶，容器是玻璃材质，连结的各部分可以任意拆卸。（W6.5～31×D3.5×H15cm）

把小木块
连成小挂件

NATURAL MATERIAL

与任何植物都能毫无违和地
融为一体

给每块小木块中央打孔并穿入麻绳连成的小挂件，是房主上小学 2 年级的儿子的心血之作。
同时木块儿还能用来防止壁柜脱落。

木板挂在墙壁上

将带有螺纹钉的废木块当作垫板，上面放上自制花盆中的绿植，统一的蓝色调给人沉稳感。

将脚手架边角料木板打一层蜡，再用金属固定增添了蓬松感的鹿角蕨，整体挂在墙壁上，令人印象深刻。

随意悬挂一个素净的小筐

上／稻草编成的小鸟窝挂在橄榄树枝上。
左／藤条筐里迷迭香自然地舒展着枝条。

手工制作的木头箱中放入种有丝苇的花盆，再用绳子把木头箱悬挂在房子的横梁上。自然垂下的叶子风姿绰约，让人百看不厌。

左／陪伴在花盆旁边的是海胆壳儿，成为点睛之笔。
右／把白色的小石子儿放入电灯泡形状的玻璃瓶中，成为一个装饰小物。

妙用石子和贝壳！

把种有金合欢的花盆，放入古色古香的水果篮里。再用麻布盖住花盆，自然气息扑面而来！

自然素材

用当下流行的贝壳装饰杂货

若论植物的好搭档，大自然中的天然材料一定不负众望，如贝壳、木块等，当然人气很高的海洋风格的单品也很引人注目。

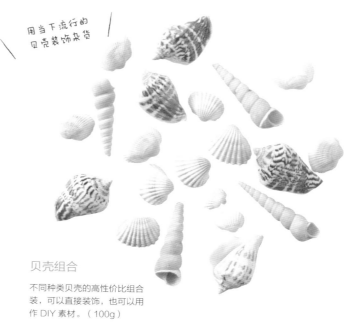

贝壳组合

不同种类贝壳的高性价比组合装，可以直接装饰，也可以用作 DIY 素材。（100g）

动态枝条雕塑

把木质的枝条串连起来，演绎成海边气息的装饰单品。（全长 76cm）

瓷砖杯垫

异域风情花纹的杯垫用作花盆托也是很适合的，背面安有防滑的木垫。（W10×D10×H0.7cm）

瓷砖

瓷砖上的斑驳、凹凸等自然纹理与植物也很相配。（大：15×15cm，小：10×10cm）

木材元素

存在感突出的木材与植物的搭配组合，让小空间更有韵味。

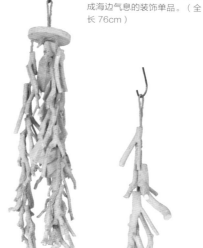

枝条风铃

像在演奏音乐般随风摆动的枝风铃。天然的素材，动听的音乐，使人身心都得到治愈。（全长 71cm）

可当作
水壶壳

水杉桶

3 个一组的天然木质水桶，把手部分用的是铁丝。（小：ø13×H12cm、中：ø18×H15cm、大：ø20×H18cm）

木质水桶＆壶垫

能让人联想到树桩子，给人质朴的感觉，底部有孔。（ø13×H18cm，壶垫：ø11×H1.5cm）

装饰球

树枝条做成的滚动小球，静静地放在那里就能提升整体的自然气息。（大：ø10cm、小：ø6cm）

能用作花盆的
垫板好物！

木板边角料

用锉刀打磨后做成的表面光滑的木板边角料，防止木板裂开的螺纹钉成为亮点。（W10～20×D20～24×H3.5cm）

FAMILY RULES
always be kind
ENCOURAGE EACH OTHER
BE PROUD OF SAY I'M
YOURSELF SORRY
FORGIVE OTHERS
DO YOUR
BEST WORK HARD
SAY I LOVE YOU
TRY NEW LISTEN TO
THINGS YOUR HEART
TELL THE TRUTH
say please thank you !!

可轻松用作
花盆摆台！

麻袋

粗糙的麻料质感与植物搭配度极高，可用作花盆罩。（左：W30×D13×H40cm，右：W40×H60）

骨制框

水牛骨头着色后制成的画框，特有的光泽感，提升空间的成熟韵味。

苗圃盒

用旧作业板的板材做成的厚实木箱，底部是可拆卸的木板。（W45×D30×H9cm）

FROM SHOP DISPLAY
人气店铺
的造型

HINTS!

杂货爱好者的高人气店铺里，我们看到了很多杂货与植物完美组合的示例。

刻度杯 × 卷柏

帽盒 × 天使泪

通过高低差增加韵律感

水壶 × 碧雷鼓

\ 这些店铺能找到很多灵感！/

SHOP 01 PEU · CONNU

就像在翻阅一本外文书籍，店里每个角落都是由古色古香的杂货和植物组成的魅力风景。植物的布置处处充满了用心，于不经意中让人流连忘返，是一个能让人心情愉悦放松的地方。

地址：爱知县名古屋市中区大须 2-26-19
联系电话：052-222-9744
营业时间：10：00 ～ 19：00
公休日：周日、节假日、盂兰盆节、年初
官网：http: //peu-connu. net/

粗犷风与绿植
形成对比

鸟笼 × 空气凤梨

面包模具 × 牛至

实木箱 × 碧雷鼓

用抽屉打造
摆放阶梯

小家具 × "女儿节"

A 刻度杯里种上卷柏，根部包上石蜡纸加以保护，看起来更自然。

B 生锈的鸟笼与空气凤梨显得更时尚又有趣。搭上鸟儿的剪影更有乐趣。

C 盛放牛至的是面包模具，或平躺放置或立着，打造出立体感。灰色的花盆给人成熟的印象。

D 深蓝色的帽子收纳盒与绿叶的映衬，搭配十分清爽。生锈的帽架上挂着的盖子也是一道亮点。

E 把有趣的木质牛奶箱子立起来，起到棚架的作用，再搭配上清爽的白色罐子。其中一只下面用小罐子垫高，打造落差感。

F 随便堆放的实木箱子与喷水壶之间，碧雷鼓的绿叶隐约可见，秘诀在于整体搭配的平衡。

G 抽屉也能当作摆台用，略发灰的白色与用作花盆的杯子上的异域情调的花色及图案搭配得十分有个性。

旧式手提箱 × 多肉

涂鸦十分
有特色

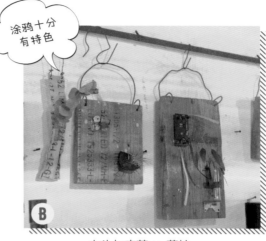

木头与皮革 × 蓝桉

悬挂旧工
具的技巧

垂悬式杂货 × 空气凤梨

迷你梯子 × 多肉植物与棉线花

获得灵感的店铺

 KALUZINAの森

这排房屋除了有卖杂货和服装的 "KALUZINA"，还有出售旧道具和颓废风格杂货的 "F.45"，"parain"，水吧 "miru coffee" 等。在每家店铺里都能获得一些打造杂货与植物空间的灵感。

地址：爱知县冈崎市龙泉寺町间峰平 52
联系电话：0564-83-7851
营业时间：8：30 ~ 19：00
公休日：周一、每月第一个周二
※ 营业时间和公休日不同店铺可能会有区别。
官网 :http://www.kaluzina.com/

实木箱与旧用具 × 观叶植物

垂悬式杂货 × 干花

单柄锅 × 景天

小空间里的 DIY

旧材料自制的架子 × 仙人掌

A 旧式手提保险箱里放有莲花掌属黑法师、冷水花、芙蓉菊和旧工具，统一的素雅色调更具时尚感。

B 使用废弃的木板和皮革做成的装饰板，来自于"F.45"店主亲手制作的原创商品。安上夹子，挂在墙壁上，就能成为植物的装饰品。

C 把旧箱子重叠摆成架子，上面可以放上盆栽的爬山虎、蕨类植物和旧工具等。

D 拉上一根铁丝，就能用来悬挂杂货和干花绿植。各种样式的单品搭配出动感活力的风景。

E 麻绳染色后编织成植物托，"铛铛车"的旧滑轮上挂有空气凤梨。

F 架子上层的花盆也是原创作品，灰浆与多肉植物的组合十分清爽。

G 复古的单柄锅花盆里，仙人掌茂盛地生长着，与看板一样的天蓝色铁铲成为亮点，提升了整体效果。

H 店铺入口的墙壁上，用木板做成架子。根据季节轮回和节庆活动的不同不断变换植物，十分醒目。

选择与餐桌风格相衬的花器

法式欧蕾咖啡杯 × 风信子

各种花盆 × 藤蔓类与树木

涂灰白的墙壁 × 干绣球花

A 把法式古典风情的欧蕾咖啡杯当作花盆使用，灵感来源于餐具与餐桌本身的融合性。

B 店铺的入口处，爬满墙壁的藤蔓类植物与摆放于两侧的树木类绿植，让人似乎来到了郁郁葱葱的森林，旧式的花架和花盆增加了趣味感。

C 涂绘墙壁的壁龛里放入旧陶器，周围搭配上古典色调的绣球花，打造出法国南部风情的感觉。

D 复古瓷砖铺成的水池旁，漂浮着蝴蝶兰，如入剧场一般，周围的蜡烛也提升了整体的氛围。

E 调料瓶里放入龙须草和武竹等，叶形各异的植物的混搭增添了动感。

利用水池打造"浮动感"

复古瓷砖 × 蝴蝶兰

调料瓶 × 观叶植物

＼ 灵感店铺在这里！ ／

 flower noritake

店内供应有当季的鲜花和绿植、异域风情的观叶植物等，种类十分齐全。植物的展示布置上，古材、石头、铁材、时尚的古典杂货等的搭配组合，十分值得一看。

地址：爱知县名古屋市东区东樱
1-10-3
联系电话：052-962-0401
营业时间：9：00～20：00
公休日：周日、节假日
官网：http://www.flower-noritake.com/

演绎出大象在草原悠然散步的景象

鸟笼风照明 × 仿真绿植

枝条与花环 × 空气凤梨

动物模型 × 多肉植物

A 鸟笼形的灯罩上缠绕上人造绿植，上面装饰的一只深蓝色的小鸟增加亮点。

B 把枝条当作悬挂杆使用，上面挂着缠绕着空气凤梨的鸟笼和多彩的花环，整个空间十分热闹欢乐。

C 多肉植物的组合中配上动物模型，打造成庭院式盆景风格。旧数字背景板让整体氛围瞬间提升。

D 横宽的悬挂式花篮中青锁龙属和大戟等的组合，搭配上麻布，增加了色彩和形状的变化性。

E 桌子的前面是实木壁柜，将野性的工具和"丝苇"等绿植放入其中。

麻袋上的印花是亮点

悬挂式花篮 × 多肉植物

木箱与工具 × 丝苇

＼ 灵感店铺在这里！／

 SHOP 04 SWITCH CONNECTION

店内的轻松愉快的搭配令人神往。庭院里有一个小样品花园，在这里可以找到适用于日常生活的装饰方法。

地址：神奈川县横滨市青叶区
SHIRATORI 台 6-19
联系电话：045-507-9678
营业时间：11：00 至日落
公休日：不定
官网：http://ameblo.jp/switch-c/

PART.3

点缀小庭院的
植物组合的魅力

　　植物组合是将不同绿植共生在一个花盆里，打造出整体存在感极强的效果，是小庭院的好伙伴。先掌握基本的栽种方法，再参考借鉴一些成功的案例，之后我们一起来动手挑战吧。

基本栽种方法

使用直径约 24 厘米的碗形花盆，挑战适合新手的绿植组合方式，同色系更有和谐统一感。

【提前准备工作】花盆、花盆底垫网、花盆底垫石、土壤（培养土）、缓效性化合肥料（颗粒状）、鲜花和绿植的幼苗 3 ~ 5 种、碎木屑

在花盆底铺上石头

先在花盆的排水孔上铺上垫网，为了便于排水，铺至花盆的 1/6 ~ 1/5 的高度即可。

倒入培养土

将土壤倒至花盆的 6 分满即可，建议使用专门的栽培用土壤，多种元素的混合保证营养均衡。

将肥料与土壤均匀混合

把温和且效果持久的缓效性化合肥料混入土壤，作为底肥促进植物生长。

决定幼苗的布局

把小罐中的幼苗试着放入花盆中，先做一下整体布局。先决定中心植物的位置后，更容易完成剩下的搭配。

把幼苗从小罐中移入花盆

决定好布局后，把幼苗从小罐中拔出，从中心位置的植株开始植入。注意把幼苗根部原来的土壤掸落，把根部舒展开。

用分株幼苗调整空隙

注意整体的平衡，把叶类植株分为几部分（分成 1/4 ~ 1/2），分别插于中心花苗的空隙中，增加动感。

补充土壤

适量浇水，把土壤添至花盆边缘 1 ~ 2cm 的位置。不仅是花盆边缘，植株之间也要补充。

覆盖土壤，保护根部

防止因天气炎热或寒冷引起的干燥或者杂草丛生，覆盖一层木屑（为了保护植物而将土壤表面覆盖起来）。

完成！

打造自然植物组合

从容易入手、自然气息浓厚的花草开始挑战！

沉稳的色调
演绎出熟女气息
Feminine

用姿态多样的
三色堇享受
色彩变换的乐趣

使用极易入手的三色堇，满开的小花随风飘动，让人如沐春风。选用紫色系的花色，甜美度虽然有所下降，但却别有成熟气息。中心的三色堇亭亭玉立，最关键的是不论从哪个方向都给人圆润、立体的感觉。

Arrangement 01

Plants List

1 三色堇
2 铁丝网灌木
3 报春花
4 瓜叶菊
5 羽衣甘蓝

白色的小花和
鲜嫩的绿色
给人清爽透亮感

将素雅却不失可爱的白色报春花或藏报春作为主角，四周配上纤细窈窕的"伯里穆斯通"、地锦和芙蓉菊等，利用绿色的浓淡差异自然生出立体感。搭配上古色古香的白色花盆，整体楚楚动人又和谐统一。

Arrangement 02

Plants List

1 藏报春
2 豆科灰雀花
   "伯里穆斯通"
3 葡萄科地锦
4 芙蓉菊

Arrangement03

紫草和银树呈现
魅力清静空间

Cool

优雅舒展的枝条丛中，
一朵小花如出水芙蓉而立，
乐趣倍增

　　东北堇菜和天芥菜的深紫色花
朵给人成熟深邃感，银色的芙蓉菊显
得十分清爽。白色的大花银莲花和
紫色的球花报春在各自的花盆中亭
亭玉立，成为亮点，微风中轻轻飘荡，
显得十分轻盈。

Plants List

〈图片左侧〉　　〈图片右侧〉

1 东北堇菜
2 芙蓉菊
3 大花银莲花
4 天芥菜
5 豆科灰雀花"伯里
 穆斯通"
6 球花报春

自然的色彩中
加入了一点高级感的黑色
整体显得十分紧凑

> 以繁星花为主角的舞台，淡粉
> 色的可爱小花，叶脉分明十分雅致。
> 中心从底部傜地伸展出的黑麦冬的
> 纤细黑叶让整体的色调紧凑又有动
> 感活力。搭配用粉笔手绘的特色花
> 盆，大自然的气息自然流露。

Arrangement 04

Plants List

1 黑麦冬
2 观赏用五彩椒
3 繁星花

Arrangement 05

编成花环，
打造田野风

Country

将晶莹透亮的果实编成
花环形状，增添立体感，
用作迎宾花环也没问题。

红色花朵的堇菜属和平铺白珠
树的红色果实的组合，编成蓬松感
满满的花环。点缀其中的山庭荠和
茜草，既生动活泼又浑然天成。把
它挂在墙壁上，瞬间成为小院的点
睛之笔。

Plants List

1 平铺白珠树
2 堇菜属（砖红色品
　种）
3 山庭荠
4 茜草科

陈旧的铁皮花盆
弥漫着乡愁气息

　　用黄色与茶色系的渐变过渡色组合，搭配出自然感。茵芋和堇菜属的中间，配上金灿灿的桃金娘和细叶型的苔草属植物，增添了动感。颜色不过分张扬，同时花朵和叶子的形状及质感富有变化，提升了整体的幽深感。

Arrangement 06

Plants List

1 茵芋
2 堇菜属
3 百里香
4 苔草属
5 桃金娘科

花草派?
还是多肉派?

创意大爆发!
植物拼盘大集结

一起来欣赏大家的创意植物组合!花盆和杂货搭配出充满跃动感的植物组合,是很好的学习范本。

可爱的花朵 & 叶类植物的组合
Flower & Leaf

自然气息的花篮
正好遮住了花盆

左/种有紫荠菜和银莲花的花盆上,放上用黑色花盆种植的蓝羊茅,利用高低差和立体感来吸引人的眼球。
右/麻叶绣线和毛地黄钓钟柳的组合,前者一朵朵圆球状的白色小花和后者冷艳的黑色叶子互相映衬。简单的花色配合着复古风情的石膏花盆,整体十分帅气利落。

在可爱的花苗中点缀
"黑色"演绎出时尚感

上/将堇菜属、莲子草属、蜡菊、紫三叶等放入带盖的黑色大草筐里,里面用黄麻填充提升了高度,也有利于通风。
右/带提手的草筐里直接连罐放入香雪球和紫罗兰,打造共生的风景。

巧用花色种类多样的
董菜属

左/带提手的实木箱里簇拥生长着各种颜色的董菜属。紫色
三叶草点缀其中，打造出原野风。
右/董菜属和三色董筒单搭配出可爱的花环，花环托是在市
场上买的。

清凉色调的铁皮制箱子里
观叶类与草本植物互生

窈窕的姿态打造
清爽利落感

左/白色的珐琅容器中，由新风轮
属、地锦、牛至和五色菊等楚楚
动人的花草组合而成，巧妙搭配
出立体感。
右/半球状的花儿簇拥着绽放的可
爱的大星芹。亮色调的旧挂绳增
加存在感。

上/利用澳洲米花、迷迭香、
百里香、大戟科植物等，打造
出充满跃动感的植物组合。生
锈的插地牌成为亮点，既有个
性又显眼。
右/铁皮制的喷水壶里是野芝
麻花、薰衣草和牛至的组合。
巧妙地利用有垂感的叶子，增
添动感。

中性类多肉植物的妙用
Succulent

红叶类植物个性的
颜色成为亮点

左 / 主角是时尚感的紫红色和春秋时节开出黄色小花的"紫弦目"。半圆形的壁挂式竹篮中，簇拥生长着品种各异的多肉植物。

右 / 两个悬挂式大勺里，满满地种上已变成鲜红的火祭、高砂之翁和夕映等红叶类品种，并排摆放着，看起来分量更足。

"手绘小罐儿 × 多肉"是打造
帅气植物拼盘的必杀技

左 / 以高砂之翁、丽娜莲等景天科拟石莲属为主角的组合搭配，这类多肉植物的叶子呈莲座丛状生长，像一朵朵绽开的花朵。大大小小 13 种多肉植物满满地装在古典风格的自制花器里。

上中 / 把咖啡罐的底部踩扁，穿上金属丝，自制成口袋形的小罐，里面种上仙人掌舞乙女等个性化的多肉植物。

上右 / 将啤酒罐的侧面打孔，变成废弃物风格的自制罐，种上红化妆和小玉。背面穿上铁丝，挂在墙壁上。

把小型多肉植物
塞满工具箱！

上／明亮的引人注目的蓝色工具箱里，满满地种有十几种多肉植物。仅
一枝深红色的长生草就提亮了整体的色度，成为亮点。
右下／布满锈迹的垃圾风格的工具箱，突显出多肉植物个性而又多样的
色彩。
右上／在多肉植物的组合空间里，添置房屋和铺路砖头的模型，呈现出
箱式小庭院风格。

用形状特殊的杂货映衬
小巧的多肉

左／用异域的民间工艺品木靴当作花盆，种入景
天类绿植。里面垫了花盆用底垫石，提高了底部。
右／通道一侧的一角将掉落的多肉植物的花瓣扦
插起来，四周用砖头围住，同时一并放入老式的
放大镜、水桶、茶罐等，打造出独特的视觉效果。

PART.4

享受打造室内
植物角的乐趣！

越来越多的人开始喜欢打造室内植物角，除了对身边的切花和观叶植物的选取，了解假花和干花的妙用技巧也十分必要！

利用自制技巧提升多肉与
仙人掌、干花的分量感

客厅（含餐厅）窗边摆放着一排排
的仙人掌、大戟、虎尾兰、十二卷
属等奇形异状的绿植。

用空罐自制吊灯
锁线钮罩！

灵感 1

"黑色 × 文字 × 麻绳"呈现帅气"男人味"造型

在带有手写英文字母的黑色花盆里种上枝叶肆意伸展的丝苇。悬挂花盆的吊绳是以混合麻绳和毛线编织而成的。

灵感 2

自制照明灯具上的装饰干花

组装各部件做成的链式吊灯，缠上干燥处理后的多花桉，变成存在感十足的搭配组合。

灵感 3

有趣的脚踏式缝纫机成为"手绘罐 × 多肉"的舞台

把从曾祖母那里继承的脚踏式缝纫机，用作小巧的多肉植物、仙人掌类植物的秀场，与做旧处理的手绘罐极其匹配，打造出趣味浓厚的场景。

抽屉里放入
空气凤梨

在角落里打造"杂货 × 植物"组合，放飞存在感！

在朝向庭院的客厅（含餐厅）的房间里，主人基本使用多肉和仙人掌、干花等饱满型的植物装饰，并将脚踏式缝纫机、鹿角和自己制作的带英文字母的签字板等吸人眼球的杂货和家具随意地放入其中，与植物很好地相互映衬。"将庭院的树木和枝条和花朵等做干燥处理后，能成为特别好的室内装饰品。根据杂货的特点，或吊起来，或挂起来，有时甚至可以卷起来！省心又省事，乐趣不断。"

利用植物各自的天然
形态和动感，打造充满
韵律感的造型

站在厨房看到的客厅（含餐厅）景象。打开里侧的落地窗，
满园清爽的绿色映入眼帘。

用麻绳简单扎
好后挂起来

细小的枝叶
让相框的造型
更醒目

空瓶子上贴上
标签的造型

灵感 4

用颜色和形状各异的植物
装饰墙壁

鹿角装饰的墙壁，以干花为中心，
搭配浅色系的杂货，打造出怀旧的
氛围，旁边巧妙地搭配上大大小小
的杂货。

灵感 5

在山上、海边捡到的树枝和沉木的"奇思妙用"

上 / 把沉木用支角固定在墙壁上，放上散发着大自然气息的贝壳，小瓶子里插上干燥处理后的桉树枝，铁皮篮中放入果实等作为装饰。

右 / 时钟的表盘和自制的英文签名板之间，用大头针来固定几个形状独特的小枝条，点缀其中。悬挂干花时注意保持整体的平衡。

日照充足的窗边，地板上是盆栽的围涎木，窗帘挂杆吊着空气凤梨和鹿角蕨等。

灵感 6

用大尺寸的签名板当作背景，提升视觉效果

在齐腰高的大尺寸的木板上涂抹出怀旧感，添加上模版印刷的英文字母，变身成存在感超强的签名板。将其当作绿色植物和杂货的背景，观赏价值呼之欲出。

木板上的空气凤梨是亮点！

Case
02

白色墙壁背景下，黑色调和实木材质
的杂货与绿植相映成趣的中性风空间

观叶植物和干花绿植交织的空间里，
装饰有大小不同的实木箱子和涂成黑
色的PVC管做成的梯子等，整体充
满立体感。

形状奇特的旧工具用作壁架

把破旧的农用工具钉在墙壁上当作置物架，白色的墙壁
与古色古香的实木完美地融合在一起。

上／引人注目的英文数字板衬
托一抹绿色。
右／枝繁叶茂的爱心榕种在涂
成蓝灰色的桶形花盆里，这个
小角落里，铺有白色木板风壁
纸，壁面装饰充满了乐趣。

玻璃制的实验
仪器给人清透感

自制水泥花盆和
迷你仙人掌的
组合

**根据场景，巧妙搭配
自然植物和人造绿植**

　　主人用"中性风杂货 × 绿植"
随意装点房间。光照充足的窗户边摆
放的是多肉植物和观叶类植物。光照
不足房间的里侧和墙壁上，使用的是
空气凤梨和叶类植物形的人造绿植，
处处充满了乐趣。"不需要花盆和土
壤的人造绿植的魅力在于，使用起来
不受场所的限制，可自由把握！"物
尽其才，与自然植物互相配合，让满
屋的绿色散发出个性光彩。

用梯架提升迷你植物
组合的视觉效果

把木板架在破旧的铁梯子上
成为置物架，用自制的手绘
罐和玻璃制品摆放植物，既
提高了观赏性，也能更充分
地得到光照。

灵感 3

张弛有序地布置大大小小的人造绿植

房间内光照不足的地方使用人造绿植，搭配木板等具有硬朗气质的自制杂货，相互映衬，令人印象深刻。

围裙和人造绿植正好遮住家用门铃对讲机

用固定管道的卡子固定根部

对可塑性极高的人造植物
和干花杂货的大改造

房间里满满的绿色让人心情愉悦，家具也都是统一的白色或黑色实木风格。

灵感 4

**上部空间的主角——
内饰照明灯具**

格网吊棚上搭配照明灯具，工业气息的设计搭配仿真空气凤梨，十分和谐。

灵感 5

**用高级感颜色的
干花增加成熟感**

自然植物和人造绿植交织的绿色空间中心，装饰一抹颜色高级的干花，打造出更有趣的场景。

利用造型
独特的树枝
悬挂小物件

灵感 6

**用 PVC 管作
墙壁挂物架**

将在家具店购买的 PVC 管涂上黑色涂料后组装起来，用大头针固定在墙壁上。再将垂枝的仿真绿植缠绕在上面。

用形状独特的植物
打造出活力感

以鹿角蕨为代表，各具个性
的绿植协调地分布于纵向空
间内。多肉植物和空气凤梨
等用吊架挂起来，西部牛仔
风的靴子与大戟科植物十分
和谐。

粉色的木板墙壁和
民族风杂货演绎出
波希米亚风情！

用丝带和小贴纸
轻松修饰

Case

03

用大胆的颜色和个性绿植
打造出小店气息

根据主题变换的技巧
让杂货时尚大变身！

主人将 6 张榻榻米大小的和式房间打造出时尚绿色百货店的感觉。植物以仙人掌和空气凤梨等为主，天然绿植和人造绿植混合搭配，把淘到的杂货进行加工，或绕起来，或贴上图片，或涂上颜色等加以调和。主人介绍："过一段时间看腻了之后，再重新改换造型，通常每年会改变数次。按照主题风格可以任意地自制这些物美价廉的杂货。"木板墙在舞台打造上发挥着不可估量的作用。即便仅改变一下颜色，也能有新鲜的感觉。

巧用墙壁和上部空间，Eden 将客厅变身为绿色花园。

灵感 *2*

情趣满满的
"高性价比杂货 × 仿真绿植"

均为廉价的杂货和仿真多肉植物的组合搭配。左图中，将骷髅形状的存钱罐涂成白色，并画上图案变成墨西哥风杂货。右图中，倒置的带木栓塞瓶盖的透明容器，木塞上插上仿真多肉植物，变身小盆栽。

咖啡豆和仿真多肉组合小盆栽

用彩绘胶带和线绳自制素胚花盆

灵感 *3*

用醒目的背景让绿植更有趣

黑色的吊架杂货里放入仿真空气凤梨。把麻布、鹿角模型、流苏花边的挂毯当作背景，让单调的绿色瞬间生动起来！

Case **04** 用冷色调的绿植和杂货，
打造出让人冷静放松的空间

Interiors Atelier AM

axel vervoordt
wabi inspirations

el Miserynski
COIS HALARD

Flammarion

灵感 1

外文书和蜡烛的加入，
增添时尚感！

餐具柜兼作装饰柜，玻璃桌台上
放紫罗勒和天竺葵等草本植物，
以及干燥处理后的桉树叶干花与
杂货。喜爱的外文书和蜡烛也与
房间的装饰自然地融为一体。

左 / 横宽型的柜子是老式的和式家
具，上面的餐具为统一的简约型风格，
既可以观赏也可以作收纳用。
右 / 法国制的器具中插有黄金纽。

陶器师手工打
造的迷你花盆

灵感 2

利用高低差，
布置姿态特殊的绿植

这个角落里放置的是仙人掌
和大戟等形态个性的绿植。
灰色系简约质感的花盆的搭
配，让整体效果更利落。

公寓五层的阳台上种满了叶类植物，令人乐
在其中。

使用简单时尚的花盆，
把注意力集中到绿植本身！

这间公寓的内饰风格以老式家
具和杂货为主，用阳台上栽种的草
本植物、鲜花和干花等简单地装饰，
整体氛围融为一体。目前又种起了
仙人掌和大戟等，搭配的也是简约
型的花盆。"基本都是匠人亲手打
造或者在国外买的，植物自身的风
姿得到很好的展现。"

鲜艳的紫红色
引人注意

灵感 3

惹眼的植物
点缀素雅的空间

餐桌上的风景。干花的旁边
搭配已经发出嫩芽的红薯
块，十分有情趣，成为亮点。

风干的果实
也可以成为
风景！

灵感 1

点缀一些动感
活力的植物

左 / 玻璃瓶里的水培大戟和
常春藤的枝叶肆意伸展。
下 / 玄关处的柜子上，放的
也是有动感的大戟科植物，
搭配的是红色的土陶器。

Case
05

享受手工、享受装饰
让生活多一点绿色

艺术空间。干花植物和嫩叶的新绿相得益彰。

主人销售绿植工艺品并提供方案设计。在其住房兼工作室的空间里，有用庭院里种植的草本植物和树枝做成干花来装饰，也有做成工艺品同时兼作展示，与房间的整体风格融为一体。造型的亮点是大戟等植物极具个性的姿态。在这样的空间生活、工作，每天享受着绿色植物陪伴的生活。

草编花环与
蜡烛的搭配
也很赞！

灵感 2

在绿植旁陪衬一些
具有岁月感的杂货

墙壁上的花环是由有香味的桉树、月桂树和鼠尾草等叶子手工打造的。陈旧的镜框、签名板的加入提升了整体效果，也不失与墙壁的平衡感。右边的瓶子里插的是桉树枝。

灵感 3

干花植物的晾晒场景
也是风景

木质的晾衣架成为庆祝活动中使用的手工艺品花材道具的晾晒场所，也很养眼，可谓是一举两得。

灵感 4

用庭院里栽的草本植物，
手工制作可爱的点心

将自家小院里采的迷迭香、三色堇、百里香、香蜂花和薄荷涂上打散的蛋清，再抹上砂糖，做成蜜饯。"呼吸着草本植物散发的香味也是极大的乐趣，十分推荐。"

适合小院落的
植物大盘点

　　这里选取推荐的均为适合打造清透感、令人心情愉悦的绿色空间植物。因此，选择那些柔软性好、不易受空间限制的植物是要点。

观花类
FLOWER

毛茛科
多年生植物

花期为 12 月到次年 3 月，花朵朝下开放，晶莹剔透，惹人怜爱。颜色有粉色、白色、黄色、红色、酸橙绿、紫色等，丰富多彩。一年四季常绿的叶子也充满了乐趣。

水仙
石蒜科　球根植物

土植花期为 3 至 4 月，白色、橙色、亮黄色的花朵为初春的小院增添几许色彩。生命力顽强，极易培养。

紫山慈姑
百合科　球根植物

花期为 4 月，白色和淡蓝色的星星形状的花朵陆续绽放。叶形较细，味道有点像韭菜。一旦栽入，几年内不打理也没关系。

天使花
玄参科　多年生草本植物
（可视为一年生）

花期为 6 至 10 月，从初夏到秋天都可以尽情欣赏，因此不论是作花坛花卉还是作组合盆景都很适合。原本为多年生植物，但由于不耐寒，也可将其视为一年生植物。花色有粉色、白色和紫色。

短莛飞莲
菊科　多年生草本植物

一年四季中除极热天和极寒天之外，都是花期。直径 2 厘米左右的白色、粉色的可爱小花陆续绽放。种子靠风传播，不用特别种植，自然气息十足。

三个要点让你充分享受
美丽的"花花世界"

1. 花苗要根据花的颜色和形状大小排列
2. 花瓣要勤修理，才能保持美颜
3. 花期长的植物一定要注意追肥

五色菊
菊科　多年生草本植物

花期为 3 至 11 月，枝叶纤细，可爱的
小花能长久绽放。花朵有白色、粉色、
黄色、蓝色和紫色，用作组合种植和干
花悬挂都很推荐。

紫娇花
石蒜科（百合）　球根植物

花期主要为春天到夏天，姿形纤细，与
周围的植物融合较好。细嫩的花茎顶端，
星星形的花朵呈放射状开放。花朵的颜
色有淡粉色、紫色和白色等。

铁线莲
毛茛科　藤蔓型多年生草本植物

花期主要为春天，有时在秋天甚至冬天
也会再度开花。颜色和形状根据品种不
同而不同。花朵竞相开放，似乎要覆盖
住旺盛生长的藤蔓。

雪山绣球
绣球花科　落叶灌木

花期为初夏，清爽的白色中带有淡淡的
绿色，球状的花形可天然地作为装饰用
花朵。近期出现了花朵为粉色的雪山八
仙花的新品种。冬天也可以修剪。

粗齿绣球（泽八仙）
绣球花科　落叶灌木

花期为初夏，比普通的绣球花更紧凑，
花朵为蓝色或粉色，充满田野气息。日
本山野里自生的植物，喜欢半阴并有一
定湿度的环境。

矮牵牛
茄科　多年生草本植物（可视为一年生）

花期为初夏到秋天，带有飘逸感的花朵
十分妩媚。根据品种的不同，叶姿和花
朵的大小及形状均有不同。由于花期较
长，因此需要施加一些肥料。

观叶类
LEAF

紫叶酸浆草
酸浆草科　多年生草本植物（球根）

叶子为深紫色，时尚感十足，与粉色的花朵恰好形成对比，色彩感很强。分球繁殖式，繁殖能力很强。要注意夏天阳光直射会晒伤叶子。花期为夏天至秋天。

黄水枝
虎耳草科　多年生草本植物

与矾根类似，但齿形叶边更深刻。花期为初夏，白色或淡粉色的小花呈穗状开放，也有藤蔓形的品种。

灰雀花
豆科　常绿、半常绿性多年生草本植物

泛着银色的枝叶轻轻舒展着，给人温柔的感觉。可用于植物组合，地栽能长到50厘米左右高。花期为初夏至秋天。花朵为黄色。

蔓柳穿鱼
玄参科　多年生草本植物

半藤蔓类植物，匍匐生长。做干花悬挂或者作为地被植物都很适合。耐阴、生命力顽强。花期为春天至初夏。白色的小花虽然不起眼，却很雅致可爱。

野草莓
蔷薇科　多年生草本植物

鲜亮的绿色叶子与庭院的色彩十分融洽，生命力顽强，容易培养。花期为春天至秋天，极热天气除外。白色的小花绽放后结出小小的草莓，很甜很美味。

迷迭香
唇形科　常绿灌木

叶子带有特殊的清凉感香味，在料理或手工制品中也常常使用。花期贯穿全年。花朵为淡粉色或蓝色，形状有直立的，有匍匐生长的，也有介于两者之间的。

选取观叶植物的
三个要点

1. 布局排列时，相邻的叶类植物颜色、形状及质感
   应略有区别。
2. 枝叶繁茂的姿态更具协调感。
3. 叶子薄嫩的植物容易晒伤，要注意种植场所。

矾根

虎耳草科　多年生草本植物

绿色、黄色和红铜色等颜色的叶子丰富
多彩，动感时尚，魅力十足。初夏时节
绽放的小巧的粉色和红色花朵令人心情
愉悦。

玉簪属

百合（龙须）科　多年生草本植物

叶子的颜色和大小根据品种不同而不同，
应选择与整体和谐的品种。初夏开始在
整个夏天静静地绽放，白色和淡紫色系
的花朵让人着迷。

紫三叶

豆科　多年生草本植物

带有深色斑纹的紫三叶，也经常能见到
幸运的四叶，极其适合用作地被植物和
组合植物。虽然生长速度不像三叶草那
么快，但很省心。观赏期为春天至秋天。

金叶素馨

木犀科　落叶灌木

多花素馨的黄金品种，春天至初夏期间
的叶子闪着金黄色的光芒，之后叶子会
发绿，到了秋天又有点发红。春天时，
会开出白色的小花。

翡翠珠

菊科　多年生草本植物

藤蔓类植物，像青豌豆一样的球状叶子
呈串珠状生长。悬挂起来经常用于装饰
组合植物。不用浇水太多，观赏期为秋
天至冬天。

蔓越莓

杜鹃花科　半常绿灌木

长满了鲜嫩光洁的小叶子，初夏时节开
出白色小花，花朵掉落后结出红色果实。
要避免种植在干燥和阳光直射处。

在小空间里享受绿色的基本要点

　　想充分享受生机勃勃的小庭院的乐趣，我们来复习一下几个基本的要点。只需掌握以下几点，就能更有乐趣地打造庭院。

 要点 01

确认光照

根据光照条件选择植物、决定位置！

　　光照是植物生长的必要条件，差别仅在于所需的程度。不同的品种所需的光照的量、时间各不相同，光照不足会导致不开花或者根茎纤弱，不能健康成长。首先，确认放置植物的空间，把握各个时间段里不同位置大概有多少的光照量。在此基础上，关键就是要选择适合相应条件的植物。

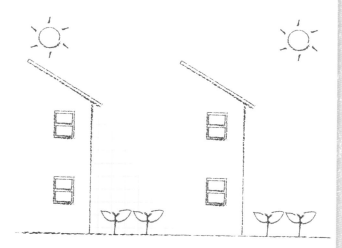

• 日照不足的空间

空间内光照不足时，要选择耐阴性强的品种。观叶植物的话，半阴也能生长的类型也有很多。如果要放置喜欢光照的植物，可选择使用能轻松移动的花盆，这样可以根据日光勤换位置。

• 光照充足的空间

盛夏的正午，要防止阳光直射，以免晒伤叶子或者因高温灼伤花盆的根部等。注意移动到阴凉处或者采取遮光措施。

要点 02

确保通风

即使肉眼看不到，通风也是植物生长不可或缺的重要条件

由于肉眼无法看到，空气的流通经常会被忽略，通风不畅极易导致病害虫的发生和霉菌的产生，甚至导致植物枯萎。通风条件差的地方，要注意经常排水等。相反，如果风力太强，植株高的植物容易被吹倒，土壤容易干燥缺水，需要频繁地浇水，以补充水分。尤其是阳台上或者屋顶上，应对强风和干燥的措施不可缺少。也可根据具体情况，选择耐旱性强的植物。

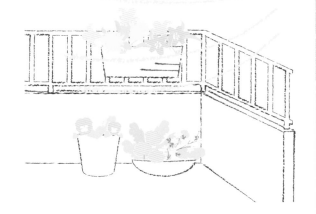

• 通风不足的空间

墙壁包围的地方或者住宅密集区和室内等空气容易停滞，一定要注意防止发霉和湿度过高。可放在柜子上或者悬挂起来，提高生长位置。

• 风力过强的空间

用格子结构的架子适当地阻挡风力，减少水分的蒸发。同时，要牢牢固定结构部件，防止被风吹跑，也要避免使用自重轻的花盆。

要点 03

配合居住地的气候条件，打造庭院

根据气象条件，斟酌作业时间、管理方法和植物的选择

本书介绍的植物种植时期和管理的方法，基本上依据的是日本关东地区的气候条件。因此，其他地区气候条件不同的情况下，作业对象也会相应改变。掌握这一点能达到事半功倍的效果。咨询当地的园艺店或园艺师朋友等，掌握相应环境的作业及管理技能。在植物选择上，植物的原产地是重要的信息。欧洲、北美等产地的植物一般耐寒，但不耐高温多湿的环境。相反，地中海、非洲、南美洲等产地的植物耐高温干燥，却不耐寒。

• 日本关东以北的地域

抗寒能力较弱的植物推荐种在花盆里，冬天的时候可搬到室内，也可对盆栽植物采取地膜护根法等简单的应对措施。

• 日本关东以西的地域

即使是喜欢光照的植物，盛夏时节也最好能移动到阴凉的地方。如果是耐寒的植物，冬天放在室外也能生长。

要点 04

提前知晓地栽和盆栽的特性

选择适合植物的花盆
栽种后要勤加打理

　　地栽的好处是，植物的根部能得到充分伸展。根部为了吸收土壤中的水分，会拼命地延伸。因此，栽入后只要天气不是特别干旱，无需频繁浇水。与此对应，盆栽的好处是省去了挖凿地面的工夫，场所的变换也充满了乐趣。但不便之处是，花盆中根部的伸展范围有限，植物可能会因缺水、缺肥料、根部结块而枯死。选择与植物的特性和生长规律相应的花盆，种植之后要记得补充水分和肥料。

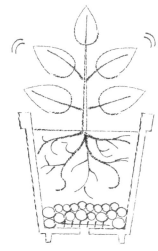

盆栽时，如果花盆比植物过大会造成内部过湿，不利于植物的生长。推荐选择比幼苗大一圈（大概直径3厘米）的花盆。

• 地栽
栽种之前先确认土壤状态。良好的土质，用铁锹铲起的时候会迅速碎落，用手触摸时有沙沙的感觉。

• 盆栽
选择与植物的特性及生长规律相适合的花盆尺寸。花盆本身由于材质的不同，透气性和透水性也各有差别，因此要充分把握不同特性再组合。

要点 05

每日维护，确认生长状态

把握浇水、施肥的时机！

　　最基本的维护就是浇水，要在仔细观察土壤的干湿状态后再行动。土壤表面变干后浇水，新鲜的水分渗透到土壤中，把养分也充分供给根部。要给与充足的水分，大约要把水浇到从花盆底流出的程度。充分把握干湿度十分关键。肥料也要适量、定期加入，根据植物的特性和生长所需，选择使用缓效肥和速效肥。

• 多肉植物、空气凤梨的水分补充
给耐旱能力强的多肉植物浇水时，要根据季节有所调整，大约是3～4星期浇1次即可。空气凤梨给人的感觉是"不需要浇水"，但其实这是个认识误区。使用喷雾器，需要把植株整体润湿，以充分补充水分，频率为一周一两次。需要注意的是，植株连续两天以上保持湿漉漉的状态的话，有可能会变黄、腐烂。因此，浇水后，要放到空气流通的位置，以利于多余水分蒸发。

要点 06

基台的制作和纵向空间的妙用

**高低差和立体感是
提升品位的关键！**

决定庭院整体效果的是背景和地板等基台的陪衬。通过盖上无机材质的墙壁和签名板，水泥地板上铺上砖头或者木板等方式，制造出亮眼的背景墙。最近各式特色的厨房用品越来越丰富，也越来越容易买到。基台完成后，布置主角"杂货×植物"时，注意打造出高低差和立体感。把杂货挂起来或者把实木箱子紧凑地摆起来等，建议充分利用纵向空间。

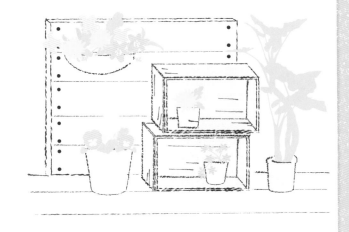

 要点 07

符合规定，遵守礼仪规范

**充分考虑到公共空间的安全性，
及可能对建筑物、邻居产生的影响**

集体住宅的阳台，包含紧急避难通路等公共空间，因此大前提就是要遵守使用规则。大规模修整时，事前务必与管理人员沟通。同时，为了避免盆栽或者杂货掉至楼下，摆放位置和方法也应该十分谨慎。独立院落的家庭，注意不要越过与邻居的界限以及人行道、车道，有风的时候不要把药品放在外面，防止被吹散到四处。总之，千万不要忘记考虑给邻里周边带来的潜在的不良影响。

日常注意事项和礼仪规范再确认！

☐ 不要堵塞公共空间的避难通道。
☐ 盆栽植物和杂货要放在安全的位置，阻挡物要牢固。
☐ 防止落叶和土壤堆积引起的下水道的淤积。
☐ 浇水、施肥时要注意对周围的影响。
☐ 为了不给邻居带来麻烦，要经常清扫落叶，不论是修剪的还是自然凋落的，保持环境的清洁。

图书在版编目（CIP）数据

绿意生活角：小空间里的混搭课 / 日本自然生活编
辑部著；冷点译. -- 北京：中国画报出版社，2019.4
ISBN 978-7-5146-1704-7

Ⅰ．①绿… Ⅱ．①日… ②冷… Ⅲ．①观赏园艺
Ⅳ．①S68

中国版本图书馆CIP数据核字(2018)第276802号

北京市版权局著作权合同登记号：图字01-2018-4920

Chiisananiwa de Tanoshimu Zakka × Shokubutsu no Display
© Gakken
First published in Japan by Gakken Co., Ltd., Tokyo
Chinese Simplified character translation rights arranged with Gakken Co., Ltd.
through Shinwon Agency Co, Beijing Office
Chinese simplified character translation rights © 2019 by CHINA PICTORIAL PRESS

绿意生活角：小空间里的混搭课

[日]自然生活编辑部 著　　冷点 译

出 版 人：于九涛
责任编辑：廖晓莹
内文设计：刘　凤
封面设计：詹方圆
责任印制：焦　洋

出版发行：中国画报出版社
地　　址：中国北京市海淀区车公庄西路33号　邮编：100048
发 行 部：010-68469781　010-68414683（传真）
总编室兼传真：010-88417359　版权部：010-88417359

开　　本：16 开（710mm× 1000mm）
印　　张：6
字　　数：82 千字
版　　次：2019 年 4 月第 1 版　2019 年 4 月第 1 次印刷
印　　刷：天津久佳雅创印刷有限公司
书　　号：ISBN 978-7-5146-1704-7
定　　价：48.00 元